Bibliografische Information der Deutschen Nationalbibliothek:

Die Deutsche Bibliothek verzeichnet diese Publikation in der Deutschen Nationalbibliografie; detaillierte bibliografische Daten sind im Internet über http://dnb.d-nb.de/ abrufbar.

Impressum:

Druck und Bindung: Books on Demand GmbH, Norderstedt Germany
ISBN: 9783668691001

Dieses Buch bei GRIN:

https://www.grin.com/document/423672

Michael Dienst

Gas haltende Kavitätenstruktur

Transactions in Suffering Innovations T18 SI761

GRIN Verlag

„Transactions in suffering Innovations“

Ideen verbrennen im Park

Der Wedding ist heute wunderschön
und ich fühl` mich seltsam stark.
Was hält mich da noch im Labor?
Wir gehen zum Led Zeppelin,
der gefällt mir mehr als je zuvor,
bei ungefähr tausend Kelvin.
Komm, lass uns Patente verbrennen im Park.

Mi. Berlin 2016

Den Ausführungen sei ein Traktat vorangestellt. Die Textbeiträge zum Stand der Technik und den „Transactions in Suffering Innovations“ besitzen ein dynamisches Format und sind, beginnend im November 2016, in folgender Weise geordnet und Überschrieben:

Titel:	Artefakt
Untertitel:	Transactions in Suffering Innovations T[NUMMER]SI[Mi-KENNUNG]
Datum:	Freigabe
Prolog	[Kontext]
Kerntext	[Technische Beschreibung]
Epilog	[Hintergründe und Dialoge]

Traktat

über die Beiträge zum Stand der Technik und zu den „Transactions in Suffering Innovations"

Die „Transactions in Suffering Innovations" bilden eine Sammlung von Schriften über Artefakte im Themenfeld Biologie & Technik, die in loser Reihenfolge erscheint. Es besteht durchaus die Absicht, den Stand der Technik zu verändern.

Gegenstand der Beiträge zu den Schriften der „Transactions in Suffering Innovations" sind Artefakte, Problemlösungen, Gestaltungsfragen und die kritische Auseinandersetzung mit Themen der Bionik, also Technik nach Vorbildern aus der belebten und unbelebten Natur und ihre Umsetzung. In ausgesuchten Fällen sind Technische Beschreibungen nach Standards des Deutschen Patent und Markenrechts[1] verfasst.

Mit den „Transactions in Suffering Innovations" soll der Fortschritt auf dem Gebiet der angewandten Bionik dadurch gefördert werden, dass die dargestellten notleidenden Artefakte, Problem- und Gestaltungslösungen frei von Rechten Dritter sind und mit ausdrücklicher Genehmigung dem Leser zur Nutzung verfügbar werden.

In den „Transactions in Suffering Innovations" werden ausschließlich Artefakte offeriert, die nicht unter das Arbeitnehmererfindungsgesetzes ArbErfG[2] fallen oder in der Vergangenheit fielen.

Die in den „Transactions in Suffering Innovations" dargestellten Artefakte sind insofern notleidend, da sie einerseits aus materieller Not nicht weiterverfolgt werden, ein Umstand der sich vielleicht wieder ändern mag. Andererseits sind die dargestellten Artefakte notleidend, weil sie möglichweise auftretender oder voranschreitenden geistigen Umnachtung zum Opfer zu fallen drohen; ein Umstand der sich wohl nicht mehr ändern wird.

Als Übergeordneter Absicht gilt es solche Forschung anzustoßen, die Lösungswege der Übertragung biologischer Phänomene untersucht und Fragestellungen betrifft, die im Zusammenhang stehen mit Natur und Technik.

Die Beiträge zum Stand der Technik und den „Transactions in Suffering Innovations" sind in deutscher Sprache verfasst. Dem Text wird gegebenenfalls eine teilweise oder vollständige Übersetzung in englischer Sprache beigestellt. In einer Ausgabe der Schriftensammlung wird jeweils nur ein Werk platziert. Den Ausführungen wird gegebenenfalls ein Prolog vor und ein Epilog nachgestellt.

Mi. Dienst

---

[1] https://www.dpma.de/patent/anmeldung/index.html

[2] Am 7. Februar 2002 trat die Novellierung des Arbeitnehmererfindungsgesetzes ArbErfG in Kraft.

Titel: **Gas haltende Kavitätenstruktur**

Untertitel: Transactions in Suffering Innovations T18 SI761
24. April 2018

Technische Beschreibung

Gas haltende Kavitätenstruktur

Die Erfindung betrifft die Lehre über die Gestaltung einer Gas haltenden Kavitätenstruktur zur Integration in die benetzte Oberfläche von Strömungsbauteilen, beispielsweise den Unterwasserbereich von Seefahrzeugen. Im Zusammenspiel mit der besonderen Gestaltung Gas haltender Kavitäten (Gas Keeping Kavities, GKK) ist die Materialauswahl von Bedeutung. Es kommen hydrophobe Kunststoffe oder hydrophobe Oberflächenbeschichtungen zur Anwendung. Die Gas haltenden Kavitäten werden als vorgefertigte Halbzeuge in die Oberflächen von Seefahrzeugen integriert und dort stoffschlüssig arretiert.

Stand der Wissenschaft, Stand der Technik und Entgegenhaltungen

Neben der fluidmechanischen Wirksamkeit, der mechanischen Stabilität und Festigkeit ist die Minderung des fluidmechanischen Widerstands das wichtigste Gestaltungskonzept bei der Entwicklung von Strömungsbauteilen.

Stand der Wissenschaft. Biologie und Bionik.

In den Jahrmillionen der biologischen Evolution hat die belebte Natur leistungsfähige und Ressourcen schonende Gestaltungslösungen hervorgebracht. Die wissenschaftliche und Anwendungen orientierte Bionik (aus Biologie und Technik) entschlüsselt biologische Gestaltungslösungen mit dem Ziel Prinzipien aus der belebten Natur auf Technik zu übertragen.

Der so genannte Salvinia-Effekt beschreibt die dauerhafte Stabilisierung einer Luftschicht auf einer Oberfläche unter Wasser. Basierend auf biologischen Vorbildern (z. B. Schwimmfarngewächsen (Salviniaceae) eröffnen technische Salvinia-Oberflächen u. a. die Möglichkeit der Beschichtung von Schiffen, die reibungsreduziert (erste prototypische Oberflächen zeigten eine Reibungsreduktion von bis zu 30 %) auf einer Luftschicht durch das Wasser gleiten und Energie und Emissionen einsparen. Voraussetzungen sind extrem wasserabstoßende superhydrophobe Oberflächen mit bis zu mehrere Millimeter langen haarartigen gekrümmten und elastischen Strukturen, die unter Wasser die Luftschicht einschließen. Der Salvinia-Effekt wurde von dem Biologen und Bioniker Wilhelm Barthlott (Universität Bonn) und Mitarbeitern entdeckt und seit 2002 systematisch an Tieren und Pflanzen untersucht [BART-18]. Werden extrem Wasser abweisende (superhydrophobe), strukturierte Oberflächen unter Wasser getaucht, so wird Luft, für eine begrenzte Zeit, zwischen den Strukturen eingeschlossen und von der Oberfläche gehalten.

Der von Barthlott beschriebene Salvinia-Effekt wird in erster Linie von mikrostrukturierten „Anhängen“ an eine gegebene fluidmechanisch wirksame Oberfläche getragen.
Bei Salvinia natans ist das Halten der Luft vermutlich eine Überlebensstrategie der Pflanzen. Die Oberseite ihrer Schwimmblätter ist stark Wasser abweisend und weist eine äußert komplizierte und artspezifisch sehr unterschiedliche samtige Behaarung auf. Bei einigen Arten sind die immer vielzelligen 0,3–3 mm langen Haare einzeln stehend (z. B. Salvinia cucullata), bei Salvinia oblongifolia sind zwei Haare an der Spitze verbunden.
Bei Salvinia minima und Salvinia natans stehen vier freie Haare auf einem Sockel. Die komplexesten Haare haben die Riesen-Salvinia Salvinia molesta und Salvinia auriculata sowie nahe verwandte Arten: auf einem gemeinsamen Stiel stehen je vier Haare, die aber an der Spitze verbunden bleiben. Das Ganze ähnelt einem mikroskopischen Schneebesen und hat zu dem treffenden Namen „Schneebesen-Haare“ (eggbeater trichomes) geführt. Die gesamte Blattoberfläche - inklusive der Haare - ist mit nanoskaligen Wachskristallen überzogen, die für den Wasser abweisenden Charakter der Oberfläche verantwortlich sind. Die Blattoberflächen sind somit ein klassisches Beispiel für eine „hierarchische Struktu-rierung“ [Salv-18].

Der Große Kolbenwasserkäfer (Hydrophilus piceus, Syn.: Hydrous piceus) ist mit einer Länge von bis zu fünf Zentimetern der größte Wasserkäfer Europas und wurde deswegen früher auch Riesenwasserkäfer genannt. Er zeigt bei der Atmung einige höchst interessante Anpassungen an das Wasserleben und steht wegen seiner zunehmenden Gefährdung unter Naturschutz [Kolb-18]. Zur Atmung kommt der Kolbenwasserkäfer mit seinem Vorderende an die Wasseroberfläche. Er hält den Kopf von unten an den Wasserspiegel und neigt sich dabei leicht nach einer Seite, er krängt. Dann holt er den der Wasseroberfläche näheren Fühler aus der mit Luft gefüllten Grube, die sich auf der Unterseite des Halsschilds befindet. Ein spitzer Fortsatz des ersten Glieds der Fühlerkeule durchbricht von unten die durch die Wasseroberflächenspannung bedingte Haut der Wasseroberfläche. Dann wird der Fühler abgeknickt über die Wasserfläche hinausgeschoben, so dass die Fühlerspitze unter der Wasseroberfläche bleibt und dabei der Kopffurche anliegt. Die Kopffurche ist eine aus zwei Haarsäumen bestehende Rinne, die vertikal verläuft. Sie wird durch die darüberliegenden Aushöhlungen der drei Fühlerendglieder zu einem Schnorchel ergänzt, der von dem abgeknickten Fühlergelenk über Wasser bis unter den Halsschild reicht. Zum Lufttransport führt die mit feinsten Härchen bekleidete Fühlerkeule vibrierende Bewegungen aus. Diese Tätigkeit wird abwechselnd links- und rechtsseitig ausgeführt, so dass das Tier hin- und herschaukelt. Auf der Körperunterseite tragen die Käfer eine dichte goldgelbe Behaarung (Pubescenz), zwischen dem zweiten und dritten Beinpaar und entlang der Flügeldeckenränder und vom Dorn über dem Brustkiel. Unter der Behaarung wird der Luftvorrat in Hohlräumen (Kavitäten) mittransportiert. Dieses Luftkissen auf der Körperunterseite wird von einem Kiel und den überstehenden Deckflügelrändern gehalten und reicht bis zu den ersten Hinterleibsegmenten. Die Luftschicht wird Plastron genannt, womit ursprünglich das Brustleder einer Panzerung bezeichnet wurde.

Der Salvinia-Effekt und der Lufttransport an der Körperunterseite des Kolbenwasserkäfers unterscheiden sich in ihren Wirkprinzipien, was in einer technischen Übertragung im Sinne der Bionik zu weiter reichend unterschiedlichen Konzepten führt. Während der Salvinia-Effekt von mikroskopisch kleinen Anbauten, die zu einer Struktur rapportiert Luft haltend wirken, getragen wird, sehen wir beim Kolbenwasserkäfer hydrophobe Kavitäten in konstruktiver und organisatorischer Union mit einer grannenartigen Behaarung zur Lufthaltung. Ein sehr robuster biologischer Gestaltaufbau.

Stand der Technik. Composite-Bauteile

Halbzeuge zur Integration in die Oberfläche von Strömungsbauteilen. Prepregs sind vorgefertigte meist flachförmige Halbzeuge zur Herstellung von Verbundwerkstoffbauteilen und in allen Segmenten der Composites-Industrie etabliert und Stand der Technik. Prepregs werden meist von Zulieferern vorgefertigt bieten ein großes Angebot an Material und Funktionskombinationen. Seit den frühen 70er-Jahren bis heute werden beispielsweise CFK-Strukturbauteile weitgehend mittels Prepreg-Technologie hergestellt. Fertigungs- und Fügeverfahren mittels Prepregs und Composite-Bauteilen sind im Flugzeugbau, im Yacht-design und zunehmend im KFZ-Fahrzeugbau besonders effizient, weil höchste Qualität und genauste Platzierung der funktionalen Eigenschaften sektoral im Bauteil erzielt wird. In der Luft- und Raumfahrt und in Verbindung mit anderen Technologien, wie z.B. Hot-Forming zur Produktion von Seitenleitwerks- Panels, Flügelstrukturen, Rippen und Holmen, sind Prepregs heute die Schlüsseltechnologie zur Herstellung von großen Composite-Bauteilen. Aufgrund der zunehmenden Verwendung sowohl in der Luftfahrt wie auch in der Automobilindustrie bei gleichzeitiger Zunahme der geometrischen Komplexität der Composite-Bauteile steigt auch die Erforschung neuartiger Eigenschaften dieser vorgefertigten Halbzeuge. Composite-Bauteile mit definierten mechanischen Eigenschaften sind Stand der Technik

Problembeschreibung

In Fahrt und beim Manövrieren von Seefahrzeugen ist Friktionswiderstand und Strömungs-ablösung insbesondere bei Leit- und Steuerflächen ein unerwünschtes physikalisches Phänomen. Dies gilt auch für Seefahrzeuge, die gelegentlich krängen und damit Teile ihres Unterwasserschiffs der Luftatmosphäre freigeben. Luft haltende Oberflächen vom Stand der Technik sind bauartbedingt sehr empfindlich gegenüber äußerer Krafteinwirkung. Compo-site-Bauteile mit definierten Gas haltenden Eigenschaften sind nicht Stand der Technik.

Problemlösung

Das der Erfindung zu Grunde liegende Problem wird dadurch gelöst, dass in die Oberfläche von fluidmechanisch wirksamen Strömungsbauteilen besonders gestaltete, aber standardisierte hydrophobe Luft haltende Kavitätenstrukturen integriert werden, die als Prepregs beziehungsweise als Composite-Bauteile gestaltet sind. Bei Seefahrzeugen, die gelegentlich krängen und dann Teile ihres Unterwasserschiffs der Luftatmosphäre freigeben kommt es im Betrieb zu einer „Beladung" der hydrophoben Kavitäten mit Luft. Gegenüber Luft haltenden Oberflächen vom Stand der Technik sind standardisierte hydrophobe Luft haltende Kavitäten bauartbedingt sehr robust und unempfindlich gegenüber äußerer Krafteinwirkung.

Erreichbare Vorteile

Durch die Erfindung wird erreicht, dass der fluidmechanische Widerstand vermindert wird. Standardisierte hydrophobe, Luft haltende Kavitätenstrukturen sind mechanisch sehr robust.
Der bei schwimmenden Insekten beobachtete Effekt der Strömungskonditionierung durch Kavitäten in gestalterischer Verbindung mit grannenartiger Behaarung ist für technische Anwendungen, beispielsweise Rumpfsektoren von Seefahrzeugen, die gelegentlich krängen oder für teiltauchende Leit- und Steuertragflächen nutzbar. Die Minderung des fluidmecha-nischen Widerstands von Seefahrzeugen ist von wirtschaftlichem Interesse.

Aufbau und Wirkungsweise

Baulicher Zusammenhang. Gas haltender Kavitäten (Gas Keeping Kavities, GKK) zur Integration in die benetzte Oberfläche von Strömungsbauteilen sind in ihrer Grundform zylinderförmig. Die Gas haltende Kavitäten können in zwei grundsätzlichen Varianten gefertigt und betrieben werden. (I) Der Inhärenz-Typ der GKK, der aus einem hydrophoben Material gefertigt wird. (II) der Beschichtungs-Typ, der aus einem konstruktionsgerechtem Material gefertigt wird, und dann eine Oberflächenbeschichtung erhält. Als Serienprodukt ist der Inhärenz-Typ (I) vorteilhaft, für Wissenschaftliche Untersuchungen ist der Beschichtungs-Typ (II) gut geeignet.
Bei den Gas haltenden Kavitätenstrukturen in Integralbauweise zur Integration in die Oberfläche eines Strömungsbauteils bilden der Kavitäten KAV und die Granne FIN eine gestalterische und organisatorische Einheit. Rapportiert zu einer Struktur bilden auch diese eine organisatorische und konstruktives Kollektiv von Kavitäten und Grannen. Die schematische Skizze FIGUR 1 zeigt eine Seitenansicht der Kavität KAV und der Granne FIN. Die schematische Skizze FIGUR 2 zeigt die rapportierte Anordnung der Kavitäten KAV und der Grannen FIN in einem Prepreg PRE. Die Skizze FIGUR 3 zeigt schematisch die Anordnung in einer Draufsicht.
Die Gas haltenden Kavitäten in Integralbauweise können gestalterisch zu unterschiedlichen sinnfälligen Kavitätenstrukturen geoernet und angefertigt werden.

<u>Bezeichnungen in den schematischen Skizzen Figur 1 und Figur 2</u>

KAV	Kavität
FIN	Granne
PRE	Prepreg zur Integration in ein Strömungsbauteil (das nicht Gegenstand der Erfindung nach Anspruch 1 ist)

Die Gas haltenden Kavitäten in Differentialbauweise sind nicht beliebig skalierbar. Zur Implantation in die benetzte Oberfläche von Strömungsbauteilen sind für die Durchmesser der Kavitäten D=5mm vorzusehen.

Wirkungsweise. In Fahrt und beim Manövrieren von Seefahrzeugen ist Friktionswiderstand und Strömungsablösung unerwünscht.
Durch die Gas haltenden Kavitäten entsteht im Betrieb ein Außenhautoberfläche, die der Strömung dadurch einen geringeren Friktionswiderstand entgegensetzt.
Die Gas haltenden Kavitäten sind geeignet zur Integration in die Außenhaut von Strömungsbauteilen oder Unterwasserbereichen des Rumpfes von Seefahrzeugen, die in Fahrt gelegentlich krängen und damit Teile ihres Unterwasserschiffs der Luftatmosphäre freigeben. Im Betrieb bedeutet diese Phase das Beladen der Kavitäten mit Luft.

Literaturhinweise und Entgegenhaltungen

[BART-18] Prof. Dr. Wilhelm Barthlott, Rheinische Friedrich-Wilhelms-Universität Lehrstuhl Strömungsmechanik, Universität Rostock und Nees-Institut für Biodiversität der Pflanzen TKMS und Blohm + Voss Nordseewerke GmbH, Hamburg

[BART-16] Barthlott, W., Mail, M. & C. Neinhuis, (2016) Superhydrophobic hierarchically structured surfaces in biology: evolution, structural principles and biomimetic applications. Phil. Trans. R. Soc. A 374: 20160191. doi:10.1098/rsta.2016.0191

[BART-16-2] Barthlott, W., Rafiqpoor, M.D. & W.R. Erdelen,(2016) Bionics and Biodiversity – Bio-inspired Technical Innovation for a Sustainable Future. in: J. Knippers et al. (Eds): Biomimetic Research for Architecture and Building Construction – Springer Publishers, S. 11–55 doi:10.1007/978-3-319-46374-2

[BART-10] Barthlott, W., Schimmel, T., Wiersch, S., Koch, K., Brede, M., Barczewski, M., Walheim, S., Weis, A., Kaltenmaier, A., Leder, A. & H.F. Bohn, (2010): The Salvinia paradox: Superhydrophobic surfaces with hydrophilic pins for air-retention under water. Advanced Materials 22: 1-4 doi:10.1002/adma.200904411

[BHUS-16] Bhushan, B, (2016) Salvinia Effect,In: Biomimetics: bioinspired hierarchical-structured surfaces for green science and technology. Springer, S. 205–212. doi:10.1007/978-3-642-02525-9

[Salv-18] https://de.wikipedia.org/wiki/Salvinia-Effekt (aufgerufen 27.03.2018)

[Kolb-18] https://de.wikipedia.org/wiki/Grosser_Kolbenwasserkaefer(aufgerufen 27.03.2018)

[BART-18] *Bionische Reibungsreduktion: Eine Lufthülle hilft Schiffen Treibstoff zu sparen (PDF Download Available)*. Available from: https://www.researchgate.net/publication/272355856_Bionische_Reibungsreduktion_Eine_Lufthulle_hilft_Schiffen_Treibstoff_zu_sparen [accessed Mar 27 2018].

FIGUR 1

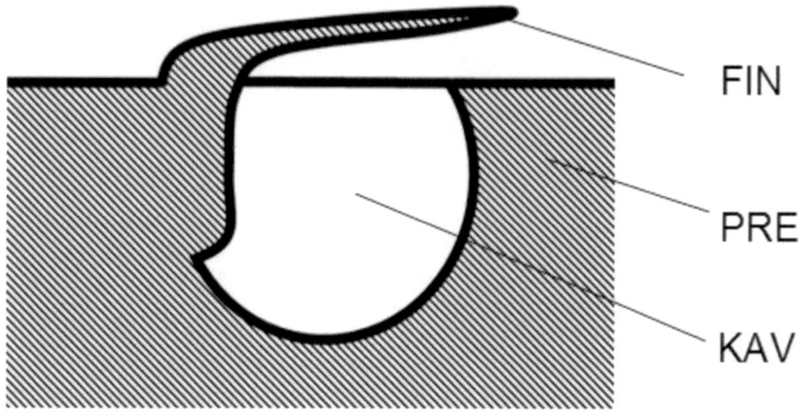

FIGUR 2

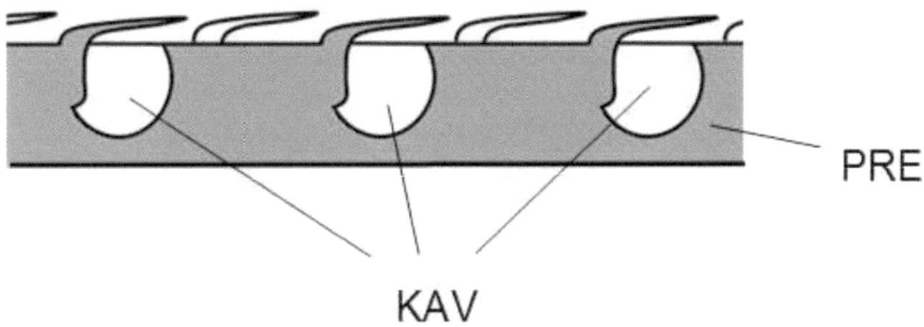

FIGUR 3

Ansprüche

(1) Die Erfindung betrifft die Lehre über die Gestaltung Gas haltender Kavitäten in Integralbauweise zur Integration in die benetzte Oberfläche von Strömungsbauteilen dadurch gekennzeichnet,
dass die Kavitätenstruktur im Unterwasserbereich von Seefahrzeugen zu platzieren ist.

(2) Gas haltender Kavitäten Gas haltender Kavitäten in Integralbauweise nach Anspruch 1 dadurch gekennzeichnet,
dass hydrophobe Materialien, vornehmlich Kunststoffe für das opake Bauteil oder hydrophobe Oberflächenbeschichtungen zur Anwendung kommen.

Kein Epilog